Lieder des Leid's

von

Albert Zeller.

Berlin.
Druck und Verlag von G. Reimer.
1851.

Lieder des Leid's.

1.

Nur keinen Abschied meine Lieben! —
Noch einen Blick und Druck der Hand,
Das Beste ist uns doch geblieben,
Der Glaube an Ein Heimathland,
An eine Nähe unsrer Geister,
An ein Verständniß klar und tief,
An Einen Herrn und Einen Meister,
Der liebend uns zusammenrief.
Es eilt das Schiff mit Adlerflügeln
Hinab mit uns des Lebens Strom,
Vorbei an Schlössern, Städten, Hügeln,
Vorbei an manchem hohen Dom,
Vorbei an mancher lichten Blume,
An manchem Stein der Herrlichkeit,
An trauter Stätte Heiligthume,
An manchem Grab und manchem Leid.
Hier stößt ein Nachen von dem Strande
Und legt mit neuen Pilgern an,
Schnell weben sich der Freundschaft Bande;
Doch alte Freunde nimmt der Kahn,
Ein ewig Kommen, ewig Gehen,
Ein Wechsel voller Lust und Leid,

Ein Lebewohl auf Wiedersehen,
Ein Lebewohl auf Ewigkeit;
Doch wie der Sonne letzte Strahlen,
Wenn sie sich neigt am Himmelszelt,
Am herrlichsten und schönsten malen
Die wundervolle Gotteswelt,
So leuchtet in den letzten Blicken
Die Lieb' am mächtigsten empor,
Trotz allen irdischen Geschicken,
Und öffnet uns des Himmels Thor.

2.

Was mich in dieser Feierstunde
In Dank und Wonne still durchbebt,
In meines Geistes tiefstem Grunde
Als seel'ge Offenbarung lebt,
Es ist zu groß, es ganz zu sagen
Und geht mir über Sinn und Muth,
Denn unter Zittern, unter Zagen
Erhielt mir Gott mein liebstes Gut.

Mein Himmel stand in rothen Flammen
Und Blitze zuckten durch die Nacht,

Ich schrak und sank erschöpft zusammen,
Bezwungen von des Jammers Nacht,
Erschüttert tief von Furcht und Grauen,
Von graßen Bildern rings umlegt,
Wie wenn das Raubthier seine Klauen
In eines Wandrers Seite schlägt.

O seel'ger Strahl von lichter Höhe,
O Glanz voll ew'ger Herrlichkeit,
In meines Herzens tiefstes Wehe
Das Zeichen einer bessern Zeit,
Erbarmen ruft es laut, erbarmen
Will sich der Herr des Lebens dein,
Sie soll in ihres Schöpfers Armen
Geborgen und gerettet seyn.

Der Gütige und stets Getreue
Zerbricht nicht das geknickte Rohr,
Verglimmen will das Licht, auf's Neue
Facht er's zur Flamme hell empor;
Er wird es gnädig auch vollenden,
Ich harre sein in Zuversicht,
Er reichet uns mit Vaterhänden,
Was uns an Leib und Seel gebricht.

Lobsingen will ich, ja lobsingen
Dem Retter all mein Leben lang,

Zum Himmel soll mein Lied sich schwingen,
Zum Himmel meines Lebens Gang,
In stiller Demuth will ich wandeln,
Gedenkend an mein großes Leid,
In Glauben, Lieben, Hoffen, Handeln
Ihm freudig dienen allezeit.

Ich seh' dein ganzes Liebeleben
Vor mir im hellen Sonnenglanz,
Ich seh dich mit der Myrthe schweben,
Seh dich in unsrer Kinder Kranz;
Wer zählt am Himmel alle Sterne,
Der stillen Freuden dichten Zug,
Seit Gottes Engel aus der Ferne
Zu mir dein trautes Lieben trug!

Wohlauf mein Herz und laß das Zagen,
Denk' an den Retter in der Noth,
Laß deine Seufzer, deine Klagen,
Denk' an das seelige Gebot:
„Seid froh in Hoffnung, duldet stille,
Wie hoch die Fluth der Trübsal geht,
Sprecht, es gescheh' sein heil'ger Wille
Und haltet treu an dem Gebet!"

3.

Es muß ja durchgestritten
Und durchgerungen seyn,
Geduldet und gelitten
Bis zu der letzten Pein.

Es strömt aus tausend Wunden
Mir Blut und Leben hin
In diesen bängsten Stunden,
Und irre schwankt mein Sinn.

Es zuckt das Herz zusammen,
In seines Schöpfers Hand,
Es wühlt in Gluth und Flammen
Der ungeheure Brand.

O Herr erbarm', erbarme
Dich mein in dieser Noth,
Es hält mit eis'gem Arme
Umschlungen mich der Tod!

Soll ich denn gar vergehen,
Versinken in ein Nichts,
Hast du von deinen Höhen
Nicht Einen Strahl des Lichts?

Ein Blick des Kreuzesfürsten
Fällt in die dunkle Nacht,
Und meinem heißen Dürsten
Ist schnell ein End' gemacht.

Hat er nicht Alles, Alles
Erduldet mehr als du,
Für dich den Sohn des Falles
Und deine Herzensruh,

Er selbst der Herr des Lebens,
Der nur mit Willen starb,
Machst du sein Werk vergebens,,
Der rettet, was verdarb?

Und wie er überwunden
Kreuz, Jammer, Todespein,
So kann ich nur gesunden
In seinem Blut allein.

Mit Sterben und mit Scheiden
War er ja nur gesinnt
Die Stätte zu bereiten,
Wo seine Diener sind.

Er sammelt alle, alle
Einst in des Vaters Haus,

Und in des Himmels Halle
Geht uns're Wallfahrt aus.

4.

Wer wälzt den Stein mir von dem Grab,
Darin mein Heiland liegt?
Den ich so heiß geliebet hab',
Der liegt vom Tod besiegt.
Nur noch ein Einzig, Einzigmal
Möcht' ich sein Antlitz seh'n,
Und dann in aller meiner Qual
Getrost von hinnen geh'n.
Es steigt in alter Herrlichkeit
Die Sonn' auch heut empor,
Ach daß sie nur die kurze Zeit
Den hellen Schein verlor!
Und wie ein Garten Gottes steht,
Die Welt auch heute da,
Mit Duft und Blüthen übersät
Und leuchtet fern und nah.
Nun muthig Herz, nun tritt hinzu
Zu diesem Felsenstein,
Der in der tiefen Grabesruh'
Den Meister schließet ein.

Das Grab ist leer, o großer Gott,
Was ist das für ein Trug,
Treibt ihr noch mit den Todten Spott,
War's nicht des Hohns genug?
Sag an, sag an, du fremder Mann,
Wo habt ihr meinen Herrn,
Wo habt ihr ihn denn hingethan,
O wollt ihn mir nicht wehr'n!
„Maria“ spricht der Gottessohn,
O wie das selig klingt,
Das ist der alte Liebeston,
Der Mark und Bein durchdringt!
Du bist's, du bist's, du selber, ja,
Brich nicht vor Wonne, Herz!
Ein seliges Hallelujah
Wird nun der Trennungsschmerz.
„Zu meinem Vater, eurem klar
Geht nun mein Siegeslauf,
Zu meinem Gott, zu eurem fahr'
Ich triumphirend auf.“
Und meinen Schwestern, Brüdern sag'
Ich was er selbst gesagt,
Und preise Gott, wie ich vermag,
Ich benedeite Magd.

5.

Gott sei gelobt, wir wissen
Wenn dieser Bau zerfällt
Und Alles wird zerrissen,
Was hier zusammenhält,
Wir haben eine Hütte
Von seiner eignen Hand,
Die stehet in der Mitte
Im neuen Vaterland.

Dieweil wir hier noch wallen,
Sind wir beschwert, gedrückt,
Es will uns nicht gefallen,
Das Glück ist zu zerstückt.
Ein ewiges Verlangen
Beseelet Alt und Jung,
Und dennoch will uns bangen
Vor der Verwandelung.

Wir wollen nicht entkleidet,
Nur überkleidet seyn,
Wenn Leib und Seele scheidet,
Soll es wie Zauber seyn.
Es soll der Tod verschlungen
Nur von dem Leben seyn,

Dir ist es ja gelungen,
Das seel'ge Loos ist dein.

Nur Eine lichte Welle
Brach durch die Sichtbarkeit,
Und warf mit Blitzesschnelle
Um dich des Himmels Kleid;
Gott hat dich schnell erhoben
Fast ging es mir zu jach,
Mit Weinen und mit Loben
Sah ich dem Fluge nach.

Es war dein Thun und Streben
Ein lichter Maientag,
Der über meinem Leben
Mit Himmelswonne lag,
Von Treu zu Treu bewähret,
Geführt von Licht zu Licht,
So wurdest du verkläret
Zum Engelsangesicht.

Was soll ich fürder klagen
Gedenkend an mein Weh,
Mit Seufzen und mit Fragen,
Was ich doch nicht versteh!
Ist seine Lieb' nicht größer
Als ich sie bieten kann?

Dein Schöpfer und Erlöser
Hat dir nur wohlgethan.

Du ruhst in seinem Lieben
Am Herz der Seligkeit,
Uns aber ist geblieben
Das Pfand, das uns befreit,
Das ist des Geistes Wehen,
Der uns bereitet still,
Zu ihm und dir heißt gehen
Und rufet, wann er will.

6.

Soll ich der Blumen nicht mehr warten,
Noch an die Erde fest gebannt,
Weil meine Blum' in Gottes Garten,
In ihrem ew'gen Vaterland!

Ich will sie still und emsig pflegen
Die kleinen Freuden dieser Welt,
Auf kleinem Thun ruht großer Segen,
Wenn es auf's Ew'ge ist gestellt.

Ist nicht das beste Thun hienieden
Nur in dem Kleinen Sorg' und Treu',
Das Höchste, was uns hier beschieden,
Muß werden jede Stunde neu.

Wie werden müd' die Kräfte fliehen,
Und sei der Geist auch hoch begabt,
Wie will ein Wandrer weiter ziehen,
Wenn er nicht stets auf's Neu sich labt.

In immer neuen, frischen Zügen
Bedürfen wir der Gottesluft,
Wenn auch zu immer kühnern Flügen
Uns auf die inn're Stimme ruft.

Nur Schritt für Schritt geht unsre Reise
Zu der verheißnen Gottesstadt,
Wenn sie auch längst in Sonnenweise
Entgegen uns geleuchtet hat.

Wer nicht im Kleinsten und Geringsten
Etwas von Gottes Hauch verspürt,
Für den giebt es kein Fest der Pfingsten,
Auch wenn sich Erd' und Himmel rührt.

7.

Ich bin verwelkt und grüne
Doch wie ein Tannenbaum;
Das macht die Gottessühne,
Die läßt zum Himmelsraum
Mich wieder aufwärts steigen
Mit neuverjüngter Kraft,
In Krone, Stamm und Zweigen
Treibt frischer Lebenssaft.

Wie wenn vom Bliz getroffen
Ein Baum nicht untergeht,
Mit allen Adern offen
Den Elementen steht
Und Erd' und Himmel reichen
Kraft, Nahrung, Heilung dar,
Er grünt wie Seinesgleichen,
Er übergrünt sie gar.

Und dennoch will mir dünken,
Es sei ein eitler Schein,
Und bei dem ersten Winken
Sink' aller Zauber ein.
Er ist einmal berühret
Vom heil'gen Opferstrahl

Und trägt wie sich's gebühret
Das ernste Todesmaal.

Mehr als mein halbes Leben
Steht schon auf ew'gem Grund,
Das ist es, was mich eben
Macht fröhlich und gesund.
Wie Wind und Wetter gehe,
Was kümmert das den Kern,
Ich falle oder stehe
Mit Freuden meinem Herrn.

8

Erloschen und versunken
Wär' jedes Freudenlicht,
Wenn mit dem letzten Funken
Ein treues Auge bricht?
Und was uns Gott zu eigen
Auf dieser Erde giebt,
Das wollt' er uns nur zeigen,
Bis wir es recht geliebt,
In unser Herz geschlossen
Wie unser eigen Blut,

Und es gefühlt, genossen
Als unser liebstes Gut?
Und dann für immer immer
Entzög' er's unsrem Blick,
Und dieser flücht'ge Schimmer
Wär' unser ganzes Glück!
So grausam sollt' Er spielen,
Dem alle Lieb' entsprang,
Mit uns'rem reinsten Fühlen
Mit uns'rem tiefsten Drang,
Damit nur Er geliebet,
Nur Er geehret sei,
All' Anderes zerstiebet
Wie nicht'ger Staub und Spreu?
Er selbst hat sich gegeben
In unsern Lieben dar,
Sein Thun ist immer Leben,
Sein Wort bleibt immer wahr,
Er legte voll Erbarmen
Die Treuen uns an's Herz,
Und hebt auf Freundesarmen
Uns Schwache himmelwärts.
Nur immer voller, reiner
Soll es geliebet seyn,
Deß weigere sich Keiner
Und süßer Lohn ist sein,

Und lieben wir nur freier,
Wenn Einer uns verläßt,
So wird die Todtenfeier
Zum heil'gen Osterfest.

9.

Wie bang hab' ich das Haus verlassen,
So lang, Geliebte, du gelebt,
Nun zieh' ich freudig meine Straßen
Von deinem Bilde stets umschwebt.

Jetzt bist du mir allgegenwärtig,
Sonst warest du nur hier und dort,
Das macht zu jedem Werk mich fertig
Und lieb und theuer jeden Ort.

Wo könnt' ich hin, wo du nicht weiltest
Und mit dem Besten was du warst,
Seit du für immer von mir eiltest,
Die letzte Scheidewand zerbarst.

Und wie einst Leib und Seel' umschlungen,
Ein unaussprechlich süßer Bund,

So giebt von Gottes Kraft durchdrungen
Sich nun der Geist dem Geiste kund.

10.

Was ist im Himmel und auf Erden
Nicht Gottes Winken unterthan,
In welchem alles Seyn und Werden
Als seinem letzten Grund begann.
Wohl hat er Macht ja zu den Seinen
Und schaffen kann er, was er will,
Wer kann und mag ihm das verneinen,
So schweige jede Klage still.
Allmächtig, frei ist seine Gnade;
Doch giebt sein Herz uns Kindesrecht,
Und was er Schweres auf uns lade,
Es gilt nicht dem verdammten Knecht.
Darum hinweg mit Murren, Grollen,
So geht man nicht zum Himmel ein,
Am Müssen lernen wir das Wollen
Und an den Fesseln frei zu seyn,
Das Wesen an dem Schein, dem nicht'gen,
Das Ew'ge an der Spanne Zeit,
Das was da bleibet, an dem Flücht'gen,
Am Sterben die Unsterblichkeit.

So zieht er seine Reichsgenossen
Sich unter Sturm und Sonnenschein,
Darum nur muthig, unverdrossen
Und immer mehr in's Licht hinein.
Es steigt mit tausend starken Aesten
Der Liebe Baum zum Himmel auf,
Und unter Kämpfen, unter Festen
Vollenden wir den Siegeslauf.

11.

Sollt' ich mich meiner Thränen schämen?
O habet damit keinen Spott,
Es giebt so tiefes Leid und Grämen
Und auch die Thränen sind von Gott.

Hat denn nicht Christus selbst geweinet
An seines Freundes frühem Grab,
Und alle sah'n um ihn vereinet,
Wie lieb er den Entschlafnen hab',

Er, der bereits im Geist gesehen
Des ew'gen Vaters Herrlichkeit
Und den Geliebten auferstehen
Aus seiner Grabesnacht befreit.

So fließet hin denn meine Thränen,
Strömt aus dem Herzen ungescheut,
Ein Segensthau dem heißen Sehnen,
Den mir der Himmel selber beut.

12.

Mit Dank zurück, mit stillem Hoffen
Der seel'gen Zukunft zugewandt,
Und Aug' und Herz für Alles offen,
Was der Allgütige gesandt:
So tret' ich wieder in das Leben
Aus meines Grames Nacht hinein,
Und was die dunkle Nacht gegeben,
Begleitet mich im Sonnenschein.
Ihr seht mich nicht mehr gehn und weinen,
Zu still und heilig ward mein Schmerz,
Ich lächle, traure mit den Meinen
Und theile mit der Welt mein Herz.
Dient man doch Gott dem unsichtbaren
Nur in den Brüdern, die man sieht,
So soll auch meine Lieb' erfahren
Ein Jeder, der vorüberzieht.
Sie soll wie eine Quelle laben,
Die frisch und klar zu Tage geht,

Wenn auch den tiefsten Grund der Gaben
Kein unberuf'ner Blick erräth.

13.

Wie zieht ein Wandrer leicht dahin,
Der seinen Schatz geborgen weiß,
Was kümmert und was ängstet ihn,
Was Andre machet bang und heiß,
Er zieht durch Schrecken und durch Grauen
Wie über lichte Frühlingsauen.

Im Himmel ist das hohe Gut,
Ihr tragt das Herz in Geisterhänden,
Wer hat die Kraft, wer hat den Muth
Das theure Kleinod zu entwenden?
Es soll uns unsern frohen Glauben
Nichts Hohes und nichts Tiefes rauben.

Wir sind allhier im fremden Land,
Wer möchte sich da nicht bequemen,
In diesem flücht'gen Reisestand
Mit allem gern vorlieb zu nehmen,
Und wird es trüb und immer trüber,
Wir sprechen froh: es geht vorüber!

Es geht der lieben Heimath zu,
Wohin wir unsre Schritte wenden,
Und in der ew'gen Gottesruh
Muß dieses wilde Jagen enden;
Das Beste ist daheim geblieben,
Daheim, daheim sind unsre Lieben.

Sie breiten ihre Arme aus,
Die müden Wandrer zu empfangen,
Du liebes theures Vaterhaus,
Nach dir steht unser ganz Verlangen,
Und tausend frohe Zeichen winken,
Der Liebe bald ans Herz zu sinken.

14.

Es ist der alte treue Gott
Auch mir getreu geblieben
Und hat des bösen Feindes Rott'
Die Zweifel all' vertrieben;
Er hat die schwere Missethat
Von meiner Brust genommen,
Ich darf in seiner großen Gnad'
Hinwieder zu ihm kommen.

Er hat mit Blitz und Sturmesweh'n
Als Richter sich bezeuget,
Und läßt mich wieder aufrecht geh'n,
Nachdem er mich gebeuget.
Es fuhr sein Strahl durch Mark und Bein
In dunkeln Ungewittern,
Ich glaubt', es sollt' mein Letztes sein,
So mußte ich erzittern.

Er helfe mir auch fürder aus
Trotz aller meiner Sünden,
Und lass' in jeder Nacht und Graus
Sich stets als Vater finden.
Er war ja meine Zuversicht
Seit meinen jungen Tagen,
Mein Fels und Stab, mein Stern und Licht,
Mein Hoffen und mein Wagen.

Er hat ein wunderbares Kleid
An meinem Leib bereitet
Und segnend mit Barmherzigkeit
Mich schon als Kind begleitet,
An seinem Mund und Auge hieng
Mein seligstes Verlangen,
Und dennoch bin ich schwach, gering
Oft in der Irr' gegangen.

Ich geh' einher in seiner Kraft,
In seiner Lieb' und Wehre,
Früh trat ich in die Zeugenschaft
Von seiner heil'gen Lehre;
Bin ich um Lieb' und Lust gebracht,
Es soll mich nimmer hindern,
Zu preisen seine Wundermacht
Der Welt und meinen Kindern.

Wer ist ihm gleich in aller Welt
Dem höchsten und dem Einen?
Er will in seinem Bundeszelt
Mir stets auf's Neu' erscheinen.
Als ihm in höchster Pein und Noth
Laut meine Seufzer riefen,
Holt' er zum Leben mich vom Tod
Selbst aus der Erde Tiefen.

Ich danke ihm mit Psalterspiel
Für alle seine Treue,
Ich singe zu der Harfe viel
Und sing' ihm stets auf's Neue.
Es jauchzet ihm mein Herz und Mund,
Von ihm erlöst, erhalten,
Und dichtet ihm zu jeder Stund'
Und preis't sein heil'ges Walten.

15.

O stört nicht ihre Seeligkeit
Mit euren Seufzern, euren Klagen,
Es ist nur eine kurze Zeit,
So wird auch euch der Morgen tagen.

Wenn eure Lieben reisen geh'n,
Die Herrlichkeit der Welt zu schauen
Und sehen euch in Thränen steh'n
Voll Sorgen, Kummer, Angst und Grauen.

Das nimmt ja ihre beste Lust,
Den reinsten Schmelz der glüh'nden Farben
Und lässet ihre treue Brust
Im schönsten Paradiese darben.

Gönnt ihnen ihre Seeligkeit,
Fühlt ihre treue Herzen brennen,
Was sie beglückt, was sie erfreut,
Sie möchten es schon jetzt euch nennen.

Ist hier die Wonne schon so groß,
Wie erst auf jenen Lichtgefilden,
Wo aus der Ewigkeiten Schooß
Sich's drängt von himmlischen Gebilden.

Sie haben unsern Herrn geseh'n
Inmitten aller Herrlichkeiten,
Sie werden uns entgegen geh'n,
Auf seinen Glanz uns vorbereiten;

Uns pocht das Herz vor solchem Glück
In irdischen gewalt'gen Schlägen,
Sie werden sanft mit seel'gem Blick
Die Geisterarme um uns legen.

16.

Indessen wir im finstern Thal
Mit unsern Schmerzen wandern,
Folgt droben in dem Himmelssaal
Ein Freudenfest dem andern,
Und allen denen, die voraus
Die dunkle Bahn gezogen,
Ward schon im ew'gen Vaterhaus
Ihr Erbtheil zugewogen.
Sie freuen sich im Wiederseh'n
Am Lohne ihrer Treue,
Und alle, die hinübergeh'n,
Erhöh'n das Fest aufs Neue.

Sie seh'n das alte Mutterland
Zu ihren Füßen liegen,
Und mit dem Licht und Schattenband
Die liebe Erde fliegen,
Den Spiel= und Kampfplatz ihrer Zeit
Mit wehmuthsvollem Lächeln,
Die Stürme, die um sie gedräut
Als lindes Frühlingsfächeln,
Die Fluthen, die um sie gerollt,
Zum Spiegel ausgegossen,
Hellleuchtend wie der Sonne Gold
Von Licht und Glanz umflossen,
Den kurzen dunkeln Erdentag
Zur Ewigkeit erweitert,
Geborgen, was versunken lag
Und einst im Sturm gescheitert;
Sie schau'n mit Einem vollen Blick
Das Ganze ihrer Führung,
Ihr menschlichgöttliches Geschick
Mit tiefster Herzensrührung,
Und eine neue Liebe giebt
Der Herr den Treubewährten,
Sie lieben wie sie sind geliebt
Die Glücklichen, Verklärten,
Erkennen, wie sie sind erkannt,
O Reichthum sonder Gleichen,

O welch ein göttlicher Verstand,
Wer kann ihn hier erreichen!
Wann sind auch wir so weit gebracht,
Wann ist der Traum zerronnen?
Noch eine Nacht und wieder Nacht,
Dann haben wir's gewonnen!

17.

Hüter! ist die Nacht bald hin?
Ruf' ich aus zu jeder Stunde;
Ungesehen fließt die Wunde,
Hüter, Hüter gieb mir Kunde,
Hüter! ist die Nacht bald hin?

Hüter! ist die Nacht bald hin?
Dunkel waren meine Tage,
Banger schallt zur Nacht die Klage,
Voll ist meines Leidens Wage,
Hüter! ist die Nacht bald hin?

Hüter! ist die Nacht bald hin?
Tief im Herzen, welch ein Wühlen,
Heiße Reue, peinvoll Fühlen,
Wer wird meine Gluthen kühlen,
Hüter! ist die Nacht bald hin?

Hüter! ist die Nacht bald hin?
Um mich lagern Todesschrecken,
Hin ist Muth und Stab und Stecken,
Wer wird Leib und Seele decken,
Hüter! ist die Nacht bald hin?

Hüter! ist die Nacht bald hin?
Wer kann Trost und Hülfe geben?
Gleiches Bangen, gleiches Beben
Rings bei allen, welche leben,
Hüter! ist die Nacht bald hin?

Hüter! ist die Nacht bald hin?
Enden nimmer die Beschwerden,
Will es nimmer Morgen werden,
Bleibt es ewig Nacht auf Erden,
Hüter! ist die Nacht bald hin?

Hüter! ist die Nacht bald hin?
Der die Mitternacht erschaffen,
Auf, empor will er mich raffen,
Kleidet mich in Mittagswaffen,
Ja, die Nacht ist bald dahin!

Hüter, ja die Nacht ist hin!
Weggeschwunden alles Grämen,
Wer will seine Allmacht lähmen!

Mond und Sonne muß sich schämen,
Solche Klarheit ist um ihn.

Alle Todesschatten flieh'n,
Alle Hüllen sinken nieder,
Alles Gute kehret wieder;
Preis't den Starken, singt ihm Lieder,
Jauchzet ihm, die Nacht ist hin!

18.

Dem großen Gott stirbt Keiner,
Vor ihm giebt's keinen Tod!
Ach, aber unser einer
Ist stets von ihm bedroht;
Er will die Liebsten rauben,
Er nimmt uns selber fort,
Vor seinem Drohn und Schnauben
Beschirmet uns kein Hort.

Vom Wiegenlied zur Bahre,
Welch' eine Hand voll Zeit!
Für Gott sind tausend Jahre
Ein einzig göttlich Heut;

Eh dann die Berge worden,
Die Erde und die Welt,
Hat er an heim'schen Orten
Die Herberg' uns bestellt.

Er rufet und wir kommen,
Er ruft und wir sind da,
Und wann es uns will frommen,
Ist unser Ende nah',
Er bleibt der Gott der Väter,
Die einst gewesen sind,
Des Lebens Stellvertreter
Bis zu dem letzten Kind.

Geh hin in deine Kammer
Und schließ die Thüre zu,
Verberge deinen Jammer,
Der Sturm ist weg im Nu;
Es kommt dein Herr und König,
Er zürnet nicht mit dir,
Harr' aus und duld' ein wenig,
Sein Wort bleibt dein Panier.

Sieh', deine Todten leben,
Sie kommen einst zu Hauf,
Von Erd' und Schlaf umgeben,
O wachet fröhlich auf!

Es stürzt das Land der Todten
Der überstarke Held
Und seine Lebensboten
Geh'n durch das grüne Feld.

Von allen Angesichtern
Wischt er die Thränen ab,
Es strahlt von Himmelslichtern
Um seines Volkes Grab;
Er hat den Tod verschlungen,
Es kommt die gute Zeit,
Es ist der Sieg gelungen
Der seel'gen Ewigkeit.

19.

O welch ein trotzig und verzagtes Ding
Ist unser Herz mit allem seinem Pochen!
Wie fährt es hoch einher und wie gering,
Wenn erst der Sturm ist völlig ausgebrochen,
Und steuerlos das schwanke Menschenschiff
Entgegentreibt dem schroffen Felsenriff.

Sternlos die Nacht und nur noch Licht genug,
Die Größe allen Jammers ganz zu fassen;

Es irrt das Aug' nach Hülf' in scheuem Flug',
Wir fühlen uns verstoßen und verlassen,
Und wenn der Herr nun plötzlich sich uns weist,
Ein Schrecken, als erschiene uns ein Geist.

Ich raff' mich auf zum Glauben und Gebet,
Der Nacht zum Trotz und allem Sturmeswehen,
Und wie der Herr auf Meereswogen geht,
So will auch ich ihm kühn entgegen gehen.
Und kaum hab' ich den ersten Schritt gethan,
Faßt neue Furcht mich und Entsetzen an.

Mein Angstruf schallt, fern ist das sich're Land,
O rette mich, mein Heiland, ich versinke,
Reich' mir die treue, starke Freundeshand,
Daß ich nicht in der wilden Fluth ertrinke!
Ich klammre mich mit ängstlicher Gewalt
An seine hohe, feste Lichtgestalt.

Er reichet mir in alter Freundlichkeit
Die Hand mit mildem Blick und sanften Worten:
Was zweifelst du? bin ich nicht allezeit
Dein Retter und dein Helfer noch geworden,
Heb' ich nicht Alle aus der tiefen Fluth,
Bis euer Herz beglückt an Meinem ruht?

Nun ist die Angst mit Einemmal entfloh'n,
Wie sich auch Wind und Wellen stürmisch jagen;

Ich kenn' ihn wieder als den Gottessohn,
Ich fühle mich gehalten und getragen,
Und schäme mich wie ein verzagtes Kind
Vor dem, dem Wind und Meer gehorsam sind.

20.

So halte fest denn, was du hast,
Halt' aus in Treu' und Glauben,
Und lasse keine Lust noch Last
Dir deine Seele rauben,
Die Seele, die Gott selbst geliebt,
Für die sein Sohn gestorben,
Für die er Kampf und Sieg geübt,
Das ew'ge Heil erworben.

Das ew'ge Heil, das ew'ge Gut,
Ein Brunnen ohn' Versiegen,
Voll Lieb' und Lust, voll Trost und Muth,
Voll himmlischem Vergnügen,
Ein Born von unerschöpfter Kraft,
Von unsichtbarer Stärke,
Der Geist und Leben in uns schafft
Zu jedem guten Werke.

Zerbrochen ist des Leidens Joch,
Der Ring, der uns gehalten,
Wir haben nicht und haben doch,
Sind jung, wenn wir veralten;
Es muß sich unter uns'rer Hand
Gar Alles fröhlich machen,
Wir sind daheim im Pilgerstand,
Wir weinen und wir lachen.

Kommt alle, die ihr seyd beschwert,
O kommet ohne Säumniß,
Theilt mit uns, was uns Gott bescheert,
Das seelige Geheimniß;
Es halten's immerdar bereit
Die allertreusten Hände,
Der Herr ist bei uns allezeit
Bis an der Welten Ende.

Er siehet uns, wir seh'n ihn nicht;
Doch wenn die Herzen brennen
Und wir vor seinem Angesicht
Den heil'gen Namen nennen,
Dann wissen wir und glauben fest
Mit männlichem Vertrauen:
Er kommt ja bald und fröhlich läßt
Er uns sein Antlitz schauen;

Und mit ihm alle, die er nahm
An seine Brust nach oben,
Und die befreit von Leid und Gram
Dort seine Größe loben.
Es ist ja nur Ein Gottesreich
Im Himmel und auf Erden,
Und jenen seel'gen Siegern gleich
Soll jeder von uns werden.

So halte fest denn, was du hast,
Halt' aus in Treu' und Glauben,
Und lasse keine Lust noch Last
Dir deine Krone rauben!
Die Arbeit ruft, es ruft der Streit,
Es rufen Lobgesänge,
Es wächst der Bau in Herrlichkeit,
Die Welt wird ihm zu enge.

21.

Ein Wunder hat dich mir gegeben
In fernen Landen aufgeblüht,
Und mir dein reines süßes Leben
Versenkt in's innerste Gemüth,

Du warst die Meine, ich der Deine,
  Gott selber hat für uns gewählt,
Aus Tausenden die Einzig eine
  Mir für die Ewigkeit vermählt.

Frag' ich mich nach dem Himmelszeichen,
  Woran ich Seele dich erkannt,
Es war die Lilie sonder Gleichen
  In ihrem schönsten Blüthenstand,
Die mich mit ihren reinen Düften
  In's seel'ge Paradies versetzt,
Und in den schwülsten Erdenlüften
  Mit frischem Himmelsthau geletzt.

Ich konnte meine Seele legen
  Getrost in deine reine Hand,
Gewiß, daß Gottes reichster Seegen
  Sich immerdar mit ihr verband,
Daß ich sie reiner wieder nähme,
  Als ich sie dir, du Reine, gab,
Und alles Gute mit dir käme
  Auf meines Lebens Pfad herab.

Ich habe Gottes große Güte
  In tausend Gaben wohl erkannt;
Doch was in deiner keuschen Blüthe
  Mein Herz von Seeligkeit empfand

Im tiefsten innigsten Verstehen
  Weit über allen Raum und Zeit,
Das war ein Glanz von seinen Höhen,
  Ein Nahen seiner Ewigkeit.

Die ird'schen Kräfte kämpfen, ringen,
  Zu halten das holdseel'ge Bild;
Es will der Sehnsucht nicht gelingen,
  Der Sturm zerreißt und nimmt es wild;
Doch was von deines Gottes Strahle
  Durchleuchtete dein Angesicht,
Das bleibt, wenn auch die goldne Schaale
  Am Brunnen deines Lebens bricht.

Und was von Liebe mir geworden
  In seeligster Erwiederung,
Das kann kein ird'scher Tod mir morden,
  Es blühet ewig frisch und jung.
Es schläft der Schmerz als Wächter nimmer
  Für dieses Kleinod aufgestellt,
Und von des ew'gen Lichtes Schimmer
  Bleibt mir das Heiligthum erhellt.

Und wenn der Hochzeitmorgen taget,
  Die Erdennacht in Glanz vergeht,
Und hoch empor das Zeichen raget,
  Vor dem der Tod in Nichts verweht;

Dann lösche nur der Schmerz die Kerzen,
Ich kenne deines Herzens Laut,
Und wieder ruhst an meinem Herzen
Maria du als Himmelsbraut.

22.

Noch ist die Zeit zu wandern,
Noch ist die Heimath fern;
Von einem Tag zum andern
Verfolgen wir den Stern,
Der leuchtend uns erschienen
In wundervoller Pracht,
Als Führer uns zu dienen
Durch diese Erdennacht.

Wir gingen in der Irre
Und wußten nicht wohin,
Das Lust= und Schmerzgewirre
Bethörte unsern Sinn,
Es blieb der Blick gefangen
Von tausendfachem Schein,
Kein Wunsch und kein Verlangen
Drang in den Himmel ein.

Nun hat des Sternes Klarheit
Besiegt das falsche Licht,
Und Gottes ew'ge Wahrheit
Scheint uns in's Angesicht;
Die Blicke sind gehoben
Und königlich der Muth,
Wir schauen frei nach oben
Und fröhlich fließt das Blut.

An tausend Wunderschätzen
Erquickt sich Herz und Blick,
Wir dürfen uns ergötzen,
Doch hält uns nichts zurück;
Wir dürfen nicht verweilen,
Der Stern läßt kurze Ruh,
Wir müssen vorwärts eilen
Und schreiten rüstig zu,

Bis er wird stille stehen
Auf dem gelobten Haus,
Da geht's durch Tief' und Höhen,
Da geht's durch manchen Strauß,
Durch heiße Mittagsgluthen,
Durch Wüsten und durch Sand,
Durch Ströme und durch Fluthen
Und manches Feindes Land.

Wenn er wird stille stehen,
Wir treten ein in's Haus,
Wie wird uns da geschehen,
Wer drückt die Wonne aus!
Wenn wir den Einen finden,
Der über Alle ist,
Den Erd' und Himmel künden,
Den Heiland und den Christ.

Nicht Gold nicht Edelsteine
Und keine Spezerei,
Wir haben nur das Eine,
Ein Herz voll Dank und Treu';
Wir sinken betend nieder
Und bringen es ihm dar,
Und um uns steht der Brüder
Von Sieg gekrönte Schaar.

Die treuen Augen flammen
In alter Zärtlichkeit,
Das Ird'sche sinkt zusammen,
Ein Ende hat die Zeit;
Wie währte sie so lange,
So tod= und schmerzenreich,
Nun ist die alte Schlange
Der sanften Taube gleich.

Das Erste ist vergangen
Und kein Verlieren mehr,
Ein seeliges Empfangen
Beglücket rings umher;
„Es kommen, die da dürsten,“
So ruft der Geist, die Braut,
Es wird vom Lebensfürsten
Das Höchste uns vertraut.

23.

Sollt' ich die Schlummernde nicht lieben?
Im Schlummer liegt die halbe Welt;
Was ist mir Armen doch geblieben,
Das meines Lebens Pfad erhellt,
Als Lieben, Lieben ohne Ende
In treuer Lust und treuem Leid,
Was auch der Himmel weiter sende
Zu immer neuer Lieb' bereit!

Die Sonne hat dein Bild gemalet
Leicht hin auf den metall'nen Grund;
Doch wie's in meinem Herzen strahlet,
Das thut kein Wort und Zeichen kund;

Da steht's von Glorie umflossen,
Ein lichtes Bild aus jener Welt,
Viel fester als aus Erz gegossen
Und was allhier zusammenhält.

Vor Gottes ewig lichtem Throne
Giebts keine Nacht und Finsterniß;
Doch ach! dem armen Erdensohne
Wird alles schnell zum Schattenriß;
Die schwachen blöden Menschenaugen
Verlangen immer wieder Ruh;
Wenn sie zum Schauen sollen taugen,
Schließt erst der Tod sie heilend zu.

Wie oft hab' ich mit seel'gem Beben
Dein schlummernd Auge einst geküßt,
Bis sein geheimnißvolles Leben
Am Morgen wieder mich begrüßt!
Du heil'ger Quell voll Licht und Frieden,
Wie flossest du so reich und klar!
Nun ist der Strahl dahingeschieden,
Der meines Lebens Sonne war.

Er ging in seine tiefsten Tiefen,
In seinen Urgrund still zurück;
Wenn sie erwachen, die da schliefen,
Dann quillt hervor das alte Glück:

Werd' ich dann träumen, werd' ich wachen,
Wenn dieser Morgen bricht herein
Und mich der leicht beschwingte Nachen
Trägt in das Meer des Lichts hinein!

24.

„Lasset die Kindlein zu mir kommen
Und wehret ihnen nicht!"
So sprachst du einst mit deinem frommen,
Holdseel'gen Angesicht,
Als deines Lieblings süßes Leben
Im Todeskampfe rang
Und unter Zittern, unter Beben
Ein Schwert dein Herz durchdrang.

So schnell hast du den Zug verstanden,
Der ihn nach oben rief;
So frei von aller Selbstsucht Banden,
So glaubensstark und tief;
Und wie nun Gottes heil'ger Wille
Dich selber kommen hieß,
Wie folgtest du so muthig stille
Auf das, was er verhieß!

Schau ich in sehnsuchtsvoller Wehmuth
Auf uns're Kinder hin,
Ich beuge mich in Dank und Demuth
Und fleh' um gleichen Sinn,
Lasse die Kindlein zu ihm kommen,
So tönt es fort und fort;
Was uns von dir auch sey genommen,
Es bleibt dein Segenswort.

O welch' ein heiliges Vermächtniß
Ist ihre Unschuld mir,
O welch' ein liebliches Gedächtniß
Von meines Lebens Zier!
Wie wunderbar hat Gott verschlungen
In Jedem unser Seyn!
Zu lösen ist mir nie gelungen,
Was dein ist oder mein.

Und dieses Band, von Gott gewoben,
Von seiner eignen Hand,
Das wär' zerrissen und zerstoben,
Weil du im heil'gen Land?
Wo kann die Mutterliebe weilen,
Als wo die Kinder sind,
Du wirst mit mir die Sorgen theilen
Um jedes theure Kind;

Daß sie des Höchsten Bildniß tragen
  In irdischer Gestalt,
Die in den flücht'gen Pilgertagen
  So schnell vorüber wallt;
Daß sie zu ihm, dem Vater, kommen,
  Zu ihm durch seinen Sohn,
Mit seinen Jüngern, seinen Frommen,
  Sey unser Ziel und Lohn.

Daß, wenn zum neuen Seegensbunde
  Sich Erd' und Himmel fand,
Und eins dem andern jauchzet Kunde,
  Daß es in Gott erstand,
Wir rufen in der Vaterhalle
  Nach treu getrag'ner Last:
„Hier sind wir und die Kinder alle,
  Die du verliehen hast!"

25.

Ein lichter Strahl von oben
Vermählt sich mit der Nacht,
Da blitzt der Diamant
In sternenheller Pracht.

Ein Feuerstrahl von oben
Durchsengt der Kohle Nacht,
Da ist aus tiefer Ruh
Ein goldner Tag erwacht.

Der Geist des Lichts verkläret
Steigt aus den Flammen auf
Und wallt auf gold'nen Schwingen
Zum Quell des Lichtes auf.

26.

Hinein, hinein in Kampf und Schmerz!
Was zitterst du, o Menschenherz?
Umarme freudig Kampf und Noth,
Das Leben und den dunklen Tod!
O ring' mit Gott mit starkem Arm,
In jeder Lust, in jedem Harm!
In finst'rer Nacht, in tiefstem Weh,
Da sinkt der Strahl von sel'ger Höh'.
Da blitzt, wie einst das Wort gebot,
Das Licht hervor rubinenroth.
Greif nach dem Kranz, o komm' hervor,
Schreit' kühnlich durch des Todes Thor!

Zeuch aus aus deinem engen Zelt,
Heraus in Gottes freie Welt!
Was läß'st du, Sel'ger, denn zurück?
Zerstückten Schmerz, zerstücktes Glück.
Hier göttlich Weh und Jubelklang,
Ein ew'ger, sel'ger Brautgesang.
Nicht wahr? es wallet wunderschön
Durch Flur und Wald, durch Thal und Höhn!
Die Brust ist weit, der Athem geht,
Wie Morgenwind von Alpen weht.
Wo ist ein Schmerz, wo ist ein Tod,
Der ferner noch dein Herz bedroht,
Wenn Sünden, Wunden, Tod und Nacht
Nur Gottes Reich an's Licht gebracht?

27.

Gebrochen ist der Sturm,
Und mit dem Sturm mein Herz;
Ich stand so stark in dir
Im ungeheuren Schmerz.

Der Sturm der Zeitlichkeit
Währt eine kurze Weil',
Und führt das Glaubensschiff
Zum Ziel in größter Eil.

Das Meer ist hinter mir, —
Ich steig' an's Rettungsland;
Du aber grüßest mich
Und nimmst mich bei der Hand.

28.

Leb' wohl, leb' wohl du schöne Welt!
Mein Herz ist müd' und schwer;
Lebt Alle wohl auf Wiederseh'n,
Fahrt wohl, ich kann nicht mehr!

Du heilig Land, das mich geliebt
Und tausendfach erfreut,
Mir einen Gott und Himmel gab
Und süßes Weh und Leid, —

Und manche sel'ge Menschenbrust
An meine Brust gelegt,
In leichtem Spiel, in hohem Ernst
Mich namenlos bewegt, —

Den Hut der Freiheit auf das Haupt,
Den Stab mir in die Hand,
Zu herrschen und zu walten gab
Froh über Meer und Land! —

Leb' wohl, leb' wohl, du heil'ge Welt,
Die mir den Heiland gab,
Und Sühne in mein reuig Herz,
Unsterblichkeit in's Grab!

Er ging im Tode mir voran,
Er reich' mir seine Hand! —
Die Kluft ist tief, mein Gang ist Nacht, —
Hinüber in sein Land!

29.

Einen seh' ich um den Andern
Wandern fort aus dieser Welt,
Einen folgen um den Andern
Nach der Reih', die Gott bestellt.

Dem, der weinet, dem, der klaget,
Sehnend blickt dem Andern nach,
Folgen bald auch Blick und Thränen,
Stilles Sehnen, lautes Ach.

Aller Stunde hat geschlagen;
Bald erschallt des Führers Ton,
Und ich ziehe mit den Andern
Von den Anderen davon.

Abgebrochen wird die Hütte,
Das beweglich leichte Zelt,
Und die Sterne sind zur Leuchte
Durch die Wüste schon bestellt.

Wollt ihr zagen, wollt ihr weilen?
Wollt ihr ohne Kampf die Kron'?
Will's der Sünder besser haben,
Als des Menschen reiner Sohn?

Das Geheimniß uns'res Lebens
Ward noch keinem Sinne klar,
Und sein wundersamer Schlüssel
Liegt auf jeder Todtenbahr.

Auf die Wiege, auf die Bahre
Fällt der helle Sonnenschein;
Engel schweben um den letzten,
Engel um den ersten Schrein.

In den ersten Schlaf, in letzten
Tönet ein unsterblich Lied, —
Und ein heilig Volk von Brüdern
Grüßet froh das neue Glied!

30.

Von einer Morgenwache zu der andern
Ruf' ich zu Dir, Herr, meines Lebens Licht!
Wie kann ich seh'n, wie kann ich vorwärts wandern,
Entziehst du mir dein gnädig Angesicht?
Nacht ist in mir, und Nacht ist rings um mich,
Verbirgst Du mir, o meine Leuchte, Dich.

Was hab' ich denn, was ich nicht hätt' empfangen?
In bitt'rer Armuth stünd' ich nackt und bloß,
Allein mit meinem Sehnen und Verlangen,
Gieß'st Du mir nicht die Fülle in den Schooß,
Du meine Wolke in der Sonne Pracht,
Du meine Feuersäule in der Nacht!

Wer hat des Lebens Thor mir aufgeschlossen,
Als deine milde, güt'ge Vaterhand?
Ich bin aus Nichts und bin aus Gott entsprossen,
Und Erd' und Himmel sind mein Heimathland:
Ich will auf Erden zu dem Himmel geh'n;
Hier darf ich ahnen, dort Dich wiederseh'n.

O heller Tag, o neuer Schöpfungsmorgen!
O süßes, heil'ges, allgewalt'ges Licht!
Was erst noch lag in dunklem Grund verborgen,
Hervor zu seines Daseyns Fülle bricht.

Ich Glücklicher! die ganze Welt ist mein
In meines Gottes warmem Wiederschein.

Und wenn sie höher schwillt, des Tages Hitze,
Und Gang und Arbeit werden hart und schwer,
Sich sammeln still des Ungewitters Blitze
In zorngeballtem, finst'rem Wolkenheer:
Ich freue mich der hehren Majestät,
Die durch die Welt im Siegeswagen geht.

Dein bin ich, Herr, dein will ich ewig bleiben!
Ich laß' Dich nicht, du segnetest denn mich;
Und mag die Welt in Sturm und Wogen treiben,
Und scheitern und zum Abgrund neigen sich:
Ich stürze nicht zum Abgrund mit hinab, —
Es hält mein Gott mich über Tod und Grab.

Und wie mit seinen bunten, gold'nen Spangen
Der Regenbogen schimmernd Meer und Land
In stillem Frieden tröstend hält umfangen,
Als wie mit einem theuren Liebesband:
So legt um jedes Dunkel, jedes Leid
Die Hoffnung still ihr lichtes Feierkleid.

Will es dann endlich Abend um mich werden,
Brich noch einmal, du Gotteslicht hervor,
Und trage mich zum Himmel von der Erden
Mit deinen Strahlen schöpferisch empor;

Laß du mich nicht in Nacht und Dunkel steh'n,
Laß mich von einem Licht zum andern geh'n!

31.

Du hast genug in Staub gesehn,
Blick' aufwärts zu des Himmels Höh'n!
Du hast dein Tagewerk vollbracht, —
Dir selbst gehört die stille Nacht.

Weißt du denn selber, wer du bist?
Du bist ein Geist, du bist ein Christ,
In tiefer Nacht ein Wandelstern,
Erleuchtet von dem Strahl des Herrn.

Wie löst sich leise Schmerz und Klag'
Vor einem solchen ew'gen Tag!
Und nur die ernste Frage blieb:
War's seine Bahn, die ich beschrieb?

O birg, du Nacht, im Schatten mich,
Daß ich so oft von ihr entwich,
Daß ich so manches Meteor
Zog meines Gottes Sonne vor!

Und wenn ich ging auf rechtem Pfad,
War es mein Wille, meine That?
Herr, deine Macht hat mich gelenkt
Und mir die rechte Bahn geschenkt.

Ich leg' zur Erde mein Gewand:
So legt man einst mich in das Land;
Legt' ich schon jetzt für immer hin,
Was mich beschwert im Weiterzieh'n!

Viel Tausend schlafen noch mit mir;
Zieh auch im Schlaf uns, Herr, zu dir!
Ein jeder Tag beschließt den Lauf, —
Nimm meinen Geist, o Vater, auf!

32.

Wir sind zu früh vom Vaterhaus gegangen,
Und kennen nun das theure Antlitz nicht;
Wir suchen und wir fragen mit Verlangen
Die Erde und die Sonne und das Licht;
Die Blume soll uns das Geheimniß sagen,
Verkünden soll es uns Crystall und Stein,
Der Adler in den Lüften soll es tragen,
Und rauschen es die Quelle und der Hain; —

Doch was sie uns auch immer lehren kennen,
Sie wissen uns das Beste nicht zu nennen.

Und jeder Wand'rer, dem wir hier begegnen,
Wir fragen ihn mit Blicken und mit Mund,
Und möchten ihn mit tausend Gaben segnen,
Thät' er uns dieses höchste Räthsel kund.
Ein Menschenantlitz mit des Gottes Siegel,
Trägt es denn nicht des ew'gen Vaters Bild?
Glänzt nicht auch jetzt noch im zerbrochnen Spiegel
Ein Strahl von oben aus dem Auge mild?
Doch heißer nur entflammt er unser Sehnen,
Mit unsern mischen sich der Brüder Thränen.

Oft ringt, von hoher, sel'ger Andacht trunken,
Der Geist gewaltsam mit Erinnerung;
Noch scheint das Glück, der Schleier fast gesunken,
Zum Himmel trägt uns heil'ger Ahnung Schwung;
Gott ist uns nah, und schauernd schon berühren
Den Saum wir seiner ew'gen Herrlichkeit,
Und göttliche Gedanken adlergleich entführen
Uns weit hinweg von allem Raum der Zeit; —
Ein Lüftlein fällt uns, und im Staube liegen,
Die sich vermessen, erst so hoch zu fliegen.

Nicht Waisen sind wir in dem fremden Lande,
Des Vaters Güte grüßt uns allerwärts;

Es weben heimisch süße Liebesbande
Um unser Leben sich und unser Herz;
Es lagern sich um uns des Himmels Mächte
In tausend von Gestalten weit und breit;
Doch in dem Jubel uns'rer Erdennächte
Ertönt das Alphorn aus der Ewigkeit; —
Auf fahren wir vom lauten Freudenmahle
Als wie getroffen von des Blitzes Strahle.

Hier stürzt ein Freund, dort sinkt ein andrer nieder, —
Und immer weiter geht der Wanderzug;
Es lichten sich je mehr und mehr die Glieder,
Und immer ist des Jammers nicht genug,
Die Mühe will, die Sünde will nicht enden;
Doch näher sind wir schon der Gottesstadt,
Und immer stiller, immer froher wenden
Wir uns zu ihr, die Er verheißen hat.
Bald tönt auch uns der Freudenruf der Frommen:
„Wir Menschenkinder dürfen wieder kommen!“

33.

Ich nahm von deiner todten Hand den Ring,
Den sie von mir am schönsten Tag empfing;
Wie hold sein Schein um all mein Leben floß,
Seit ich als Weib an meine Brust dich schloß,
So schlicht er ist von Ansehn und Gestalt,
So ruht in ihm doch zaub'rische Gewalt;
Schau ich ihn an vertieft und unverwandt,
So glänzt er wieder an der warmen Hand,
Die ich so oft an meinen Mund gedrückt,
Die mir die Welt zum Hochzeitsaal geschmückt,
Den Kelch der Freude stets auf's Neu gefüllt
Und selbst das Leid mit lichtem Schmuck verhüllt,
Mein pochend Herz zur Ruhe sanft bewegt
Und Segen auf der Kinder Haupt gelegt,
Vor der so manche Sorgenschaar zerstob,
Wenn sie zu ihrem Gott sich betend hob.
Du Dienerin all' ihrer Lieblichkeit,
Wie mahnst du mich an eine sel'ge Zeit;
Das Herz ist mir von Wonn' und Leid geschwellt
Und auf den Ring die heiße Thräne fällt;
Einst hat er dich für's Leben mir gewählt,
Nun hat er mich dir auf den Tod vermählt,
Auf Tod und Leben gilt's, und so auf's Neu'
Werb' ich um dich mit meiner ganzen Treu',

Und höher, reiner hebt sich meine Lust,
Des neuen Himmels selig sich bewußt;
Ich wahre fest das heil'ge Unterpfand
Und halt' in Sturm und Nöthen freudig Stand,
Bis mir die Hand im letzten Kampfe sinkt
Und mir der Preis von dort entgegen winkt.

34.

Wie lang wir leben werden
Weiß nur der liebe Gott,
Wir Erdenkinder welken
Und sind der Zeit ein Spott.
Es schläget Well' an Welle
Zum alten Felsen an,
Viel tausend sind hinunter,
Die einst den Strudel sahn;

Noch stehen wir am Ufer
Und schauen weit und breit,
Und messen in Gedanken
Den schönen Sturz der Zeit;
Wie sich die Wasser drängen
Hinunter und hinauf,

Wie sie sich theilen, mengen
In stets gebrochnem Lauf!

Woher ihr Wasser alle?
Hoch von des Himmels Höh'!
Wohin ihr Wasser alle?
Hinab zur tiefen See!
In leichten Staub zerflieget
Der raschen Welle Schaum,
Ein Regenbogen lieget
Darüber wie ein Traum.

Es bleibet, wie es wechselt,
Das Eine Element,
Das keine Macht zernichtet
Und von sich selber trennt;
Ist auch das Menschenleben
Ein Fall nur von der Höh',
Und keine Ruh zu finden
Als in der tiefen See?

Und wie wir sind geboren
Erst aus dem Strom der Zeit,
Gehn wir einst still verloren
Im Meer der Ewigkeit?
Ist doch dem Tropfen Wasser
Unsterblichkeit gewährt,

Daß nichts ihn kann verderben
Und seine Kraft zerstört; —

Er, der aus seinem Lichte
Die schönsten Strahlen band,
Und jedem Geiste anders
Den Lebensgürtel wand,
Der uns zu uns geschaffen
In göttlichem Verstand
Und unser Ich gezeichnet
Auf Stirne, Blick und Hand;

In jeglichen Gedanken
Die Ewigkeit gesenkt,
Mit jeder Lebensregung
Uns auf ein Ew'ges lenkt; —
Er, der den Seufzer stillet
Der knecht'schen Kreatur,
Vergäß' in seiner Liebe
Den Sohn des Hauses nur?

Wir selber sind geworden
Ein Theil der Ewigkeit
Und in der Geister Orden
Auf immer eingeweiht;
Wir sind Gedanken Gottes,
Und was Er einmal denkt,

Dem ist unsterblich Leben
Und Seligkeit geschenkt.

Zwei Wesen hat zusammen
Der Schöpfer sich erdacht;
Drum trennt sie von einander
Auch keine Erdenmacht.
Das ist der Zug gewesen
Von uns'rer Herzen Drang,
Das war aus Gottes Tiefen
Der sel'ge Wiederklang.

Drum schlage Recht' in Rechte
Zum ew'gen Bunde ein;
Drum soll ein still Frohlocken
Bei Nah' und Fernen seyn!
Drum glänz' in jedem Auge
Das ew'ge Sonnenlicht:
Was Gott auf Erden bindet,
Löst er im Himmel nicht.

35.

Ich sink' an seinem Kreuze nieder
Und kniee mit Maria hin;
Wir alle sind ja Schwestern, Brüder,
Ein Leid beweget unsern Sinn.

Da hängt Er zwischen Erd' und Himmel,
Der Sohn, der Erd' und Himmel schuf! —
Ein rohes, tosendes Getümmel
Verschlingt fast seinen Abschiedsruf.

Ich hab' Ihn mit an's Kreuz geschlagen,
Und klage mich deß jammernd an;
Er aber betet ohne Klagen:
„Sie wissen nicht, was sie gethan!"

Der Retter stirbt, der Herr des Lebens,
Er stirbt für uns den Menschentod. —
Laß ihn nicht sterben, Mensch, vergebens! —
Der Herr des Lebens ist dein Gott! —

Da faßt ein Jubel sonder Gleichen
Im Schmerz die Seele wunderbar,
Durch dunkle Wolken niederreichen
Sieht man den Himmel rein und klar.

Vergeben sind sie uns, vergeben,
Die Sünden uns'rer Erdenlust;
Ein himmlisch Weinen, Danken, Beben
Erfüllt die sturmzerriss'ne Brust.

Auf's Neu' geschenkt sind wir uns Alle;
Das Lied des Heils steigt himmelwärts,
Und den entsühnten Brüdern falle
Entsühnt ich selber an das Herz.

36.

Nicht Einer hat sich sein erbarmt
In acht und dreißig langen Jahren;
So schrecklich lag er da verarmt
Inmitten vieler hundert Schaaren. —
So oft der Engel niederstieg,
Den Teich des Heiles zu bewegen:
Für ihn allein, den Aermsten, schwieg
Der immer neue Gottessegen.

Sie alle gingen ihm voran,
Entstiegen heil dem Gnadenbade;
Was hat vor Allen er gethan,
Daß ihn solch Loos traf, ihn gerade?

Nicht Einer hat die Hand bewegt
Von den Geheilten, den Gesunden,
Ihn in die Gnadenfluth gelegt
Mit seinen tiefen Schmerzenswunden.

Und neidlos stille liegt er da,
Zerdrückt im Auge seine Thränen;
Wie weh' ihm stets auf's Neu' geschah,
Er harrt in Hoffen und in Sehnen.
Da kommt der Herr so mild und groß, —
Ein Blick, Ein Wort macht ihn genesen;
Er geht dahin, von Sünde los,
Viel stärker als er je gewesen!

Du armes Herz, das ungeseh'n
Verblutet still an seiner Wunde,
Von dessen stummem Hülfefleh'n
Kein sterblich Aug' und Ohr nimmt Kunde:
Harr' aus in Glauben und Geduld!
Auch deine Stunde wird noch schlagen; —
Dann wird der Herr mit Vaterhuld
Zum Quell des Heiles selbst dich tragen!

Was dir im Leben angethan,
Es wird sich schnell und milde lösen;
Frei schaust du wieder himmelan
Von allem Uebel, allem Bösen;

Was Fleisch und Blut dagegen spricht,
Was du geduldet und gelitten:
Um alle Schätze giebst du nicht,
Was du im tiefsten Schmerz erstritten!

37.

Du lieber freundlicher Geselle,
Du süßes, trautes Herzenleid!
Nun sind wir an der rechten Stelle
In dieser grünen Einsamkeit;
Im Schatten himmelhoher Buchen
Ruhn wir auf frischem Waldesmoos,
Der Sonne heiße Strahlen suchen
Umsonst des Waldes stillsten Schooß.

Hier sind wir endlich ohne Zeugen
Und miteinander ganz allein;
Die dicht belaubten Aeste beugen
Sich liebend über uns herein.
Wie mir nach dieser Freundesstunde
Die Brust in tiefer Sehnsucht schwoll,
Nun brennt sie nicht die heiße Wunde,
Und mir ist still und innig wohl.

Du gabst mir treu und ungesehen
Auf allen Wegen das Geleit;
Doch durften wir uns nur verstehen
In kurzem heimlichem Bescheid.
Was ich gelitten und getragen,
Was ich geduldet und geliebt,
Jetzt kann ich Alles, Alles sagen,
Wo sich das Herz dem Herzen giebt.

Nur Einer hört uns und der Eine
Stört uns're reine Freude nicht;
Er selber rief uns zum Vereine
Vor seinem heil'gen Angesicht;
Es geht sein hoher Liebessegen
In sanftem Rauschen durch den Wald
Und ruft vernehmlich uns entgegen:
Seid nur getrost, ich komme bald!

Schon will die Sonne sich verneigen,
In Duft und Schimmer schwimmt das Thal,
Die Stämme leuchten, auf den Zweigen
Schwebt glühend noch der Abschiedstrahl;
Wir müssen auch von hinnen gehen,
Das ist der alte, herbe Schluß;
Leb' wohl, mein Freund, auf Wiedersehen
Noch einen letzten Liebeskuß!

Fest tret' ich wieder auf die Erde,
Die Last ward mir so süß und leicht,
Ich zieh' mit fröhlicher Gebehrde
Und niemand ahnet, was mir däucht:
Du bleibst bei mir an allen Enden,
Geleitest mich zu meiner Ruh
Und drückst mir einst mit treuen Händen
Zum letzten Schlaf die Augen zu.

38.

Liebe höret nimmer auf
Fort und fort zu sorgen,
Sorgen ist ihr Lebenslauf
Heute so wie morgen.

Wie es wohl den Lieben geht
In der weiten Ferne,
Alle Wolken fraget sie,
Sonne, Mond und Sterne.

Wie ihr Leben Sorgen ist,
Ist es auch Vertrauen;
Denn sie liebt es immerdar,
Auf den Herrn zu schauen.

Der ein Herz zu lieben gab,
Muß gewißlich lieben,
Und er sorget fort und fort,
Hüben so wie drüben.

Darum fürcht' und hoffe nur,
Aber mit Vertrauen;
Hoffen, Glauben wandelt sich
Leise dann in Schauen.

39.

Wer von den tiefsten Wunden,
Die bis zum Herzen gehn,
Will wiederum gesunden,
Darf keine Freunde sehn,
Darf keine Sylbe sprechen,
Wie ihn auch drängt sein Sinn,
Sonst strömt sein Blut in Bächen,
Sein Leben rasch dahin.
Ein Fremder mag sich nahen,
Da wallt sein Herz nicht auf,
Darf Gruß und Wort empfahen
Und ruhig bleibt sein Lauf.

Es weiß, die Liebsten theilen
Still und gefaßt sein Leid,
Das läßt die Wunden heilen
In einer kürzern Zeit,
Und was es hat empfunden
In allem Leid und Graus,
Das spricht in guten Stunden
Es laut und dankbar aus.

40.

Herr, wie du willst und meinest,
So thue du mit mir,
Wenn du nur stets vereinest
Mich inniger mit dir,
Du Athem alles Lebens,
Du Licht von jedem Schein,
Du Sehne alles Strebens,
Du Seyn von allem Seyn.

Ich lege meinen Willen
Getrost in deine Hand,
Was meinen Schmerz kann stillen,
Ist dir allein bekannt;

Du hast mich ja erschaffen,
Du kennst dieß Herz von Staub,
Ein Nichts kann es entraffen
Als wie ein welkes Laub.

Wie schneidet doch das Messer
Der Reinigung so scharf;
Doch du Herr weißt es besser,
Was Alles ich bedarf;
Du nimmst von deiner Rebe
Jedwedes edle Reis,
Daß sie nur Früchte gebe
Zu deinem Lob und Preis.

Du weißt, die Rebe thränet,
Doch achtest du es nicht,
Wie auch das Herz sich sehnet,
Du hältst mit ihm Gericht;
Von aller Welt geschieden,
Von aller Lust und Last,
Find' ich allein den Frieden,
Den du verheißen hast.

Die seligsten Gedanken
Bricht deine Hand entzwei,
Und macht von allen Schranken
Und Liebesfesseln frei;

Mein Meinen, Wünschen, Hoffen
Und was mir ward zu Theil,
Hast du in's Herz getroffen
Mit deinem heil'gen Pfeil.

Was nicht dein Königssiegel
An seiner Stirne trägt,
Das wirfst du in den Tiegel,
Von Lieb' und Zorn bewegt,
Daß es im neuen Feuer
Vermehre den Gehalt
Und deinen Willen treuer
Verkünde die Gestalt.

So nimm denn, was ich habe,
Nimm, was ich war und bin,
Du meine einz'ge Labe,
Mein einziger Gewinn;
Nimm Vater mich und trage
Den staubgebornen Sohn,
Ich will nur dich und frage
Nach keinem andern Lohn.

41.

Der Pfad, den du so oft gezogen,
Den ich mit dir gewandelt bin,
Schon decken ihn des Kornes Wogen
Und Blumen nicken drüber hin;
Nur an der dichtern Lebensfülle
Erkenn' ich noch die liebe Spur,
Sonst birgt sie in der Lebenshülle
Die unermeßlich reiche Flur.

So wie der Pfad verlor dein Leben
Sich in dem reichsten Segensmeer,
Und meine frohen Blicke schweben
Gleich Sonnenstrahlen drüber her.
Wie hat der Herr dein Seyn gesegnet
Und deiner treuen Hände Saat,
Auf jedem Schritt und Tritt begegnet
Mir deine stille Liebesthat.

Umflossen von des Höchsten Güte,
Umfangen wie vom Mutterarm,
Wie fühlt' ich ferner im Gemüthe
Verlassen mich, verwaist und arm;
Kein Klagen rührt sich, kein Begehren,
Erfüllung strömet um mich her,

Ein licht und gnadenvoll Gewähren,
Als ob ich mit vollendet wär'!

Sollt' ich auch hoffen und nicht schauen,
Das Schauen ist des Hoffens Kern,
Wenn auch dem hoffendsten Vertrauen
Der volle Aufgang ist noch fern.
Du bist bei Ihm, in seiner Nähe
Fühl' ich die deine wunderbar,
Ich bin gehalten und ich sehe
Doch in der Liebe Tiefen klar.

42.

Des Lebens Festmahl ist zu Ende,
Die lieben Freunde sind zu Haus,
Ich gieße noch als heil'ge Spende
Die letzte Neige Weines aus.

Wie still und öd' ist's in dem Raume,
In dem erst Lieb' und Lust gelebt,
Wie alles das im schönsten Traume
An meinem Aug' vorüber schwebt!

Wie flog der Geist von Mund zu Munde
Von Herz zu Herz, von Blick zu Blick,

In unſ'rer frohen Tafelrunde
Geliebt, geſegnet vom Geſchick.

Des Alters Rath, der Jugend Roſen,
Des Mannes ſtill gehalt'ne Kraft,
Der Freundſchaft und der Liebe Koſen,
Der Heil'gen tiefe Wiſſenſchaft —

Wie ſchlangen ſie ſich leicht zuſammen
Zu einem wundervollen Kranz;
Hoch loderten des Feſtes Flammen
Im reinſten, ſchönſten Himmelsglanz.

Weithin erglänzt in ihrem Strahle
Des Lebens friſch bewegtes Meer,
Von Hand zu Hand die Opferſchaale,
Wie wär' das Schwerſte da noch ſchwer!

Verklungen ſind die holden Worte,
Doch nicht des Herzens Wiederhall;
Geſchloſſen iſt des Feſtes Pforte
Und tiefes Schweigen überall.

Noch einen Blick auf all' die Gaben,
Die mir der Freunde Hand beſcheert!
Die treuen Seelen, ach, was haben
Sie alles Liebes mir gewährt!

Tief sind, indeß die Lust zerfließet,
Die Kerzen schon herabgebrannt;
Ich lösche sie, der Himmel gießet
Sein Sternenlicht auf alles Land.

Schlaft wohl ihr Lieben, schlaft in Frieden,
Träumt froh den Traum des Lebens aus,
Ein schönes Mahl wird uns beschieden
Dort ist des ew'gen Vaters Haus.

43.

In mich hast deine Seele du gehaucht,
Sie hat mein tieffstes Seyn durchdrungen;
Die Gluth der ird'schen Liebe ist verraucht,
Die ew'ge hat in Himmel sich geschwungen.

Mir fehlt des Herzens süßer Doppelschlag,
Des Lebens wonnereich Begegnen;
Doch deiner Liebe Zauberkraft vermag,
Auch in dem Tod mich wunderbar zu segnen.

Seit ich dich Theu're aus dem Aug' verlor,
Ist mir ein neues Sehen aufgegangen;
Mit dir heb' ich die Hand zu Gott empor
Und dein Gebet wird mein Verlangen.

Ein einz'ger Blick in deine Seligkeit .
Nimmt mir vom Munde meine Klage,
Ein einzig Wort von dir, ich bin befreit,
Und freudig schau ich in die trübsten Tage.

Ist es ein Jetzt, ist es ein selig Einst?
Ich weiß nur Ein's, was mich auch fürder quäle,
Daß du mich stündlich mehr mit dir vereinst
Im Zwiegespräch mit meiner eig'nen Seele.

Ist nicht die Liebe stärker als der Tod
Und leiht mir nicht die Sehnsucht Adlersflügel,
So schwing' ich mich hinein in's Morgenroth
Des ew'gen Licht's von deinem Grabeshügel.

44.

Ich hab's gewagt und will es wagen,
Ich hab' gebaut auf Gottes Treu',
Was auch die Welt mag thun und sagen,
Ich werd' es wagen stets auf's Neu';
Ich will auf's Unsichtbare schauen —
Was sichtbar ist, das muß vergehn,
Ich will auf's Unsichtbare bauen,
Und meinen Heiland werd' ich sehn.

Das Jenseits liegt in uns verborgen,
Es lebt in jedem Herzensschlag,
Im eig'nen Geiste glüht sein Morgen
Im eig'nen Geiste strahlt sein Tag.
Wie in dem Himmel soll auf Erden
Des Vaters Willen ja geschehn;
Wie soll dieß Wort erfüllet werden,
Wenn wir nicht hier im Ew'gen stehn?

Ja mitten in dem Strom der Zeiten
Steh'n wir auf diesem Felsengrund;
Was suchen wir in allen Weiten,
Was uns verkündet jede Stund'?
Solch himmlisch Maaß von Licht und Gnaden
Schmückt unser armes Leben hier,
Und alle sind wir eingeladen
Und dennoch steh'n und zaudern wir.

Es gehen frohe Lebensboten
Von einem zu dem andern Land,
Wir aber reden noch von Todten
In uns'rem ird'schen Unverstand,
Und fühlen nicht in Leid und Grämen,
Daß nur die Kette hier zerreißt,
Indeß in ungemeß'nen Strömen
Ein Daseyn in das and're fleußt.

Wie Mann und Weib in Ein's verbunden
Nach Gottes Rath durch's Leben geh'n,
So will der Mann der Opferwunden
Getreu bei der Gemeine steh'n;
Er will sie nähren, zieren, pflegen,
Wie nur der Mann sein liebend Weib,
Er will als Haupt die Glieder regen
Und sie bewahr'n als seinen Leib.

Hat sich in Einem seiner Worte
Der Herr zu größ'rer Lieb' bekannt,
Geöffnet ist des Himmels Pforte
Und das Geheimniß klar genannt.
O benedeite Menschenseele,
Die dieses Räthsels Reichthum faßt,
Und was es uns auch noch verhehle,
Trägt willig ihres Kreuzes Last.

Ein selig Band hält uns umschlungen,
Die wir noch hier im Zwielicht geh'n,
Und die zum Schauen durchgedrungen
Vor Gottes Strahlenthrone steh'n,
Bis wir im Glauben und Erkennen
Hinan zu Einer Kraft gediehn,
Und im geheimnißvollen Trennen
Die letzten Erdenwolken fliehn.

45.

„Wer ist mein Bruder, meine Mutter, wer?“
So sprach der Herr, als sie ihn rufen wollten;
Wie fällt dieß Wort auf uns're Seele schwer,
Wenn wir bedenken, wie wir lieben sollten.

Wir fragen bange, soll denn uns're Hand
Die liebsten Bande wissentlich durchschneiden,
Und, was wir als das Eigenste erkannt,
Als Aller Gut zerstreu'n in alle Weiten?

Ist das der Rede schmerzenreicher Sinn.
Und gilt es nur Verläugnen und Entsagen
Und uns'res Herzens süßesten Gewinn
In tausend kleine Stücke zu zerschlagen?

Sieh', was der Herr auf Erden selbst gethan
Der Alle liebte, Allen kam zu helfen,
Dem Jeder sich vertrauend durfte nah'n,
Erkor er nicht sich einen Kreis von Zwölfen?

Und als er saß am letzten Abendmahl
Und gab sein Testament der Welt zum Segen,
Da ist von seiner ganzen Jüngerzahl
Der Eine nur an seiner Brust gelegen;

Und als er hing am Kreuz' zu Spott und Hohn
Und sich begann sein blutend Haupt zu neigen,
Da gab er seiner Mutter Ihn zum Sohn
Und seiner Mutter diesen Sohn zu eigen.

46.

Kommt er wohl morgen, kommt er heut',
Den meine Seele liebt,
Dem sie so gerne hocherfreut
Ihr Ein und Alles giebt?

Von dem sie selber Alles hat,
Was ihr gehört, gefällt,
Daran sie sich auch immer satt
Erquickt und stündlich hält;

Den sie mit keinem Aug' geseh'n,
Und dessen göttlich Bild
Sie immer siehet vor sich steh'n
Von Lieb' und Dank erfüllt.

Wie schmückt sich festlich Herz und Haus
Für solchen theuren Gast!

Man wirket still, blickt froh hinaus
Und achtet keine Last.

Die Arbeit fliegt, sie ist für ihn,
Der Liebe glückt es leicht;
Ihr wird, wenn er noch will verzieh'n,
Ein süßer Trunk gereicht.

Da weiß man nichts von Ungeduld;
Wie viel ist noch zu thun,
Bis man in seiner ganzen Huld
Darf von der Arbeit ruhn.

Und köstlich wird der Augenblick,
Der uns noch übrig bleibt,
Wo uns ein göttliches Geschick
Allmächtig vorwärts treibt.

Wem so in stiller Herrlichkeit
Die Hochzeitlampe brennt,
Dem wird die ganze Erdenzeit
Zum fröhlichen Advent.

47.

„Ich selbst will deine Liebe seyn!“
So hat der Herr zu mir gesprochen,
Als mir in höchster Noth und Pein
Das Herz vor Gram und Leid gebrochen.
Wie sanft dieß Wort zur Seele drang
Und bald den schlimmsten Sturm beschworen
Im Schrei der Creatur verklang
Der Trost; doch blieb er unverloren.

Und immer neu und neu erscholl
Dein Ruf in stillen, sel'gen Weisen,
Wenn mir die Brust vor Jammer schwoll,
Der Nerv des Lebens wollt' zerreißen,
Bis ich zu deinen Füßen sank
Und du mich liebend aufgehoben,
Und ich aus deinem Kelche trank
Geduld und Frieden, Dank und Loben.

„Wo euer Schatz, ist euer Herz;“
So sprachst du in der Erde Tagen;
Wie sollt' ich fort und fort im Schmerz
Um mein geraubtes Kleinod klagen;
Ist das geraubt, was du doch hegst,
Was ich an deiner Brust seh' funkeln,

An die du mich erbarmend legst,
An der ich ruh', wenn es will dunkeln.

Und wie es hier mein Höchstes war,
Mit ihr dein heilig Mahl zu theilen,
So möcht' ich wieder zum Altar
Vor dich, du ew'ger Priester, eilen,
Vor dem die Lust der Welt verschwand,
Die Lieb' in Andacht sich verklärte,
Und jedes tief und klar empfand,
Daß nur der Geist dem Geist gehörte.

Wie lieb' ich nun dein Eigenthum,
Die Gott durchdrung'ne Himmelsseele,
Die nur zu deines Namens Ruhm
Dir dienet ohne Schuld und Fehle,
Die Strahlen deines Angesicht's
Darf ohne Hüll' und Decke schauen,
Und wie die Ströme deines Lichts
Zu uns'rer Erde niederthauen.

Auch auf mein aufgerichtet Haupt
Fällt einer deiner Strahlen nieder,
Und was der Tod mir hat geraubt,
Faß' ich mit Glaubensarmen wieder;
Du selbst willst meine Liebe seyn,
Ich werd' es immer stiller inne,

Und meine Sehnsucht gehet ein
Zur Fülle deiner Gottesminne.

48.

Als du, o Herr, aus deiner Grabesnacht,
Ein Lebensfürst bist siegreich auferstanden
Und kühn hervor in deiner Heldenmacht
Trat'st aus den alten unlösbaren Banden,
Da bist du erst der Deinen nächstem Kreis,
Den heil'gen Frau'n, der Jünger Schaar erschienen,
Die auf dein fest prophetisches Geheiß
Auch tief im Leid dir treulich wollten dienen.

Sie, die du einst mit Einem Gotteswort
Auf ewig hattest an dich selbst gebunden,
Sie hatten deine Treue fort und fort
Bis zu dem letzten Seufzer tief empfunden;
Ihr Leben und ihr ganzes Lieben war,
Mit dir gestorben und mit dir begraben, —
So ward dein Grab zum festlichen Altar,
Auf dem sie niederlegten ihre Gaben.

Und ihnen galt dein erster Friedensgruß —
So treu und hold bliebst du im Tod den Deinen;

Du stilltest sanft der bittern Klage Fluß
Und wandeltest in Jauchzen um ihr Weinen;
Das Band, das ewiglich zerrissen schien,
Du knüpftest es nur fester noch zusammen;
So wurde bald dein Sterben zum Gewinn,
Und höher stiegen ihre Freudenflammen.

O Herr, der du in Allem Vorbild bist,
Ist es vermessen, dahin es zu segnen,
Daß wir zuerst nach kurzer Trennungsfrist
Den Unsern dort im Morgenlicht begegnen?
Daß sie zuerst den neuen Lebensgruß,
Den jubelnden aus uns'rem Mund empfangen,
Und sie zuerst den Auferstehungskuß
Uns hauchen auf die jugendlichen Wangen?

49.

Mit sel'gem Schauer lese ich die Züge
Von deiner theuren vielgeliebten Hand;
Ist es mir doch, wenn ich sie seh', als trüge
Ein Engel mich zu dir in's ferne Land;
Du bist mir nah und Raum und Zeit verschwinden,
Wie sie uns einst in leichtem Geistesflug

Weit über Land und Meere ließen finden,
So lang mein Leben seine Krone trug.

Du todt, und diese Liebeszeichen leben,
In flücht'gen Lettern Flüchtigem vertraut?
Du todt, und was du im Vorüberschweben
Berührt, als wär's aus Ewigem gebaut?
Was du mir Treues, Liebes hast geschrieben,
Von deinem Licht ein holder milder Schein,
Wie fest gezaubert, und dein ganzes Lieben,
Dein Licht, dein Herz in einem Todtenschrein?

Wenn schon dem Blatt, das hier die Hand berühret
Unsterbliches die Liebe eingehaucht,
Ist nicht der Geist, der diese Hand geführet,
In Morgenlicht und Ewigkeit getaucht?
Er ist und bleibet, was er ist gewesen,
Die Strahlen sind die Sonne selber nicht,
Und was von Gottes Zügen er gelesen
Vergißt er auch in Ewigkeiten nicht.

War nicht dein Herz, so lang es hier geschlagen,
Ein Brief des Herrn von seiner eig'nen Hand?
O eitle Furcht, daß je ein solches Tagen
Für immer sich in Nacht und Tod gewandt!
Was Gottes Geist mit Flammenschrift geschrieben
In ein lebend'ges, warmes Menschenherz,

Das trägt das Zeichen von dem ew'gen Lieben
Und seine Schrift ist dauernder als Erz.

Und wenn das Klarheit hatte, was vergangen,
Was Tod und Leben in einander trug,
Wie steht es nun im lichtern Himmelsprangen,
Seit sich das Leben von dem Tod entschlug!
Wie spiegelt sich in ihm des Herren Klarheit
Mit aufgedecktem heil'gen Angesicht,
Verklärend sich von Wahrheit fort zu Wahrheit,
Und seine Leuchte strahlt und endet nicht.

O daß wir Augen hätten, sie zu schauen,
Daß uns die Decke wäre abgethan!
Geduld, Geduld und gläubiges Vertrauen,
So dürfen wir auch uns'rer Sonne nah'n.
O daß wir wollten, Gottes Wunder lägen
Schon jetzt vor uns als wie der helle Tag,
Der nur dem Blinden und dem sinnesträgen
Gemüth sich immer neu verdunkeln mag.

Der Geist des Herrn ist Freiheit, frei erheben
Wir schon im Staub zu ihm das Haupt empor;
Wie wird das Herz in Licht und Wonne schweben,
Bricht einst die ganze Herrlichkeit hervor!
In Allen soll sich seine Klarheit spiegeln,
Und was er jetzt noch schonend uns verhüllt,

Er wird es uns zu seiner Zeit entsiegeln,
Und seines Wortes Eidschwur wird erfüllt.

50.

Gieb dich dahin
In Gottes Sinn,
Laß Alles and're schwinden!
Schreit' immer zu
In dieser Ruh,
Dann wirst du überwinden.

Sei sanft und still,
Hör', was Er will,
Fall' Ihm nicht in die Rede,
So wird dein Muth
Gar frisch und gut,
Und aus ist Kampf und Fehde.

Die Welt, so schön,
Sie muß vergeh'n,
Ich kann sie drum nicht schelten;
Was soll denn sie
Die Sorg' und Müh'
Und uns're Noth entgelten?

Sie hält auch Freud'
Genug bereit,
Den Wand'rer zu erquicken;
Nur mußt du dich
Auch sänftiglich
In ihre Dornen schicken!

Das Ungemach
Hält frisch und wach,
Das Heil nicht zu versäumen.
Das eitle Herz
Ohn' Sorg' und Schmerz
Würd' es gar bald verträumen.

So geht die Zeit
Zur Ewigkeit
Gehorsam in die Lehre,
Und Alles führt,
Wie sich's gebührt,
Zu Gottes Preis und Ehre.

51.

Wie sicher wird der wohnen,
Der Gott den Höchsten liebt!

Der Herr wird ob ihm thronen;
Und ihre Fülle giebt
Die Erd' aus ihren Tiefen,
Weit über Feld und Au;
Die edlen Früchte triefen
Von süßem Himmelsthau.

Ein lichter Blumengarten,
Umgiebt ihn rings das Land
Mit wilder Berge Warten
Und dunklem Waldesrand, —
An allen Ort= und Enden,
Ein fröhliches Gedeihn,
Aus allen Elementen
Des Höchsten Wiederschein.

Ob seinen Häupten schließet
Der Himmel sich zum Dom;
Vor seinen Augen fließet
Der Quell in klarem Strom,
Und auf den Wassern schweben
Sieht er den Geist des Herrn,
Ein wundervolles Weben
Von Wolke, Licht und Stern.

Wie sich die Zukunft thürme
Und wie die Sachen gehn,

Und wenn die rauhen Stürme
Schon über Stoppeln wehn;
Wie in der Jugend Tagen,
Wie in der Maienzeit
Wird er die Harfe schlagen
In alter Freudigkeit.

Ruh'n auch die fleiß'gen Hände
Zuweilen von dem Pflug,
Zum Leben und zur Spende
Bleibt immer noch genug;
Geborgen sind die Garben,
Geschirmt die edle Frucht,
Und Keinen läßt Er darben,
Der Hülfe bei ihm sucht.

Was sollt' er ängstlich zittern,
Wenn rings die Erde bebt,
(Als wollte sie zersplittern)
Sich aus den Angeln hebt?
Er kennt den großen Meister,
Der seine Welt erschuf,
Dem Erd= und Himmelsgeister
Gehorchen auf den Ruf.

Am Vaterherz geborgen
Verschmerzt er jede Noth,

Und gilt's heut oder morgen
Auch selbst den bittern Tod
In immer tiefern Wunden,
Im allerherbsten Streit;
Wer so mit Ihm verbunden,
Der hat zu Ihm nicht weit.

52.

Geh', vertrau' nur Gott dem Herrn!
Folg' Ihm kindlich, folg' Ihm gern!
Will dein Herz in Jammer brechen,
Tritt zu seines Lebens Bächen!
Einen Trunk aus dieser Fluth!
Alles, Alles ist dann gut.

Wo dich rings ein Abgrund schreckt,
Der zu deinem Fuß sich streckt:
Zwischen Höhen, zwischen Schlünden,
Weiß Er einen Steg zu gründen,
Tritt aus einer Felsenwand,
Führet dich in eb'nes Land.

Alles ist in Seinem Rath:
Weisheit, Liebe, Will' und That;

Alles hat Er vorgesehen,
Alles ist bei Ihm geschehen;
Denn das Maaß für Seine Zeit
Ist ja nur die Ewigkeit.

Darum stille, still im Schmerz!
Er legt dir die Hand auf's Herz,
Und sein Leben und sein Schlagen,
Seine Seufzer, seine Klagen
Deckt Er sanft mit seiner Ruh
In den höchsten Nöthen zu.

O mein Heiland, o mein Gott!
Ward mein Glaube je zum Spott:
Bitter muß ich mich ja grämen,
Bitter muß ich mich ja schämen;
Fort und fort wächst deine Huld,
Fort und fort geht meine Schuld.

Neues Leben, neuer Muth
Schwellet Sinne, Herz und Blut,
Und mit Danken und mit Loben
Schwing' ich wieder mich nach oben,
Wie ein Adler frisch und jung
Durch die Morgendämmerung. —

53.

Klag' deine Noth
Dem lieben Gott,
Wenn Alle dich verlassen
Und Keiner hört,
Was dich verzehrt,
Und deinen Schmerz kann fassen!

Eh' du's gesagt,
Eh' du's geklagt,
Hat Er es schon erfahren;
Mehr als die Hut
Der Mutter thut
Will Er dein Haupt bewahren.

Er hat die Welt
Auf Lieb' gestellt;
So faßt Er auch die Seinen;
Nach Nacht und Leid
Und Traurigkeit
Muß dir Sein Antlitz scheinen.

Sein ist die Zeit,
Die Ewigkeit,
Dein Leben und dein Sterben;

Und wir sind hier
Zu Seiner Zier
Und Seines Reiches Erben.

So herrlich denkt,
Der uns geschenkt
In Seinem Sohne Alles,
Und nicht gedacht
In Vatermacht
Des tiefen Sündenfalles.

Von Anbeginn
War das Sein Sinn,
Und dennoch kannst du zagen?
So hier, wie dort
Gilt nur Sein Wort,
Und darauf sollst du's wagen!

Was dein, ist Sein,
Was Sein, ist dein,
O Meeresstrom von Liebe!
Wie da auch nur
Noch eine Spur
Von Noth und Jammer bliebe!

54.

Wie gerne möcht' ich Hütten bauen,
Wo die Verklärung dich umstrahlt
Und in dein Gottesantlitz schauen,
Wie es kein Wort, kein Zeuge malt;
Wo Deine Heil'gen aus den Todten
Anbetend feiernd um dich stehn,
Der nahenden Vollendung Boten,
Entzückt den Glanz die Jünger seh'n!

Kurz war die Pracht, und eh' sie's dachten,
Schloß sich ihr Aug' der Herrlichkeit
In schwachem, menschlichem Umnachten,
Und nieder wallte weit und breit
Des ird'schen Tages Sonnenflimmern
Um Fels und Wald, um Thal und Flur,
Von der Verklärung hohem Schimmern
Dahin die letzte lichte Spur.

Wie ist das Reich der sel'gen Geister
Dem Staubgeborenen so nah,
Sie sind bei Dir, dem Herrn und Meister,
Und Du bist heut' und immer da;
Doch wenn in sel'gen Augenblicken
Der Vorhang unsichtbar sich hebt

Und sich das Herz zum Schau'n will schicken,
Sind wir von Wolken schnell umschwebt.

In solchem Fluthen, solchem Schwanken,
Von Licht zu Nacht, von Nacht zu Licht,
Erglüh'n und dunkeln die Gedanken,
Die lichtesten ein Traumgesicht;
Da faßt den Kühnsten Angst und Grauen:
Wer sind wir Herr und wo bist Du?
Wann läßt Du uns Dein Antlitz schauen
Und schenkst für immer Fried' und Ruh?

Wir möchten reden, müssen schweigen,
Kaum wissend, was wir selbst gesehn,
Und von den Bergen niedersteigen
Und in des Lebens Thäler gehn.
Nicht feiern dürfen wir da droben
Im Anschau'n solcher Herrlichkeit,
Hier unten müssen wir erproben,
Ob wir Dir wirklich uns geweiht.

So willst Du's Herr, der uns erschaffen,
Von Höhen uns zu Tiefen führt,
Uns übst in Deines Lichtes Waffen,
In treuem Dienst, wie sich's gebührt;
Und wenn die Dunkel uns umwallen
Und uns entgeht der letzte Hort,

Aus lichten Wolken läff'st erschallen
Dein trost- und friedenreiches Wort.

Was uns in jenen sel'gen Stunden
Kam Unaussprechliches zu gut,
Im eig'nen Kampf, in Kreuz und Wunden
Wird es uns erst zu Fleisch und Blut:
Da wird die Ahnung zur Erkenntniß,
Dein Wort zur grünen Lebenssaat,
Frei, klar und offen das Bekenntniß,
Und aus der Sehnsucht Kraft und That.

FSC
www.fsc.org
MIX
Papier | Fördert
gute Waldnutzung
FSC® C083411

Kolibri 360 GmbH
Ferdinand-Jühlke-Straße 7
99095 Erfurt, Deutschland
produktsicherheit@kolibri360.de